홈메이드 롤 케이크

Roll Cake

즐거운상상

Roll cake

그냥 거기에 놓아만 두어도 귀여운 빵, 바로 롤 케이크입니다.
시트와 크림의 심플한 조합만으로 수많은 레시피가 만들어져요.
자, 어느 것부터 만들어볼까요?
이제 롤 케이크 파티를 시작합니다.

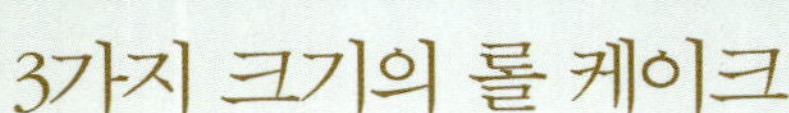

3가지 크기의 롤 케이크

L
size
25cm × 30cm

M
size
25cm × 25cm

S
size
22cm × 22cm

3가지 크기의 틀

'가정용 오븐렌지에 들어가는 크기'를 고려해 3개의 틀을 만들었습니다. 기본 반죽과 같은 배합 크림의 분량을 사용해 3가지 크기로 만든 샘플은 P.35에 있습니다. 틀에 따라 롤을 마는 방법을 바꿀 수 있어요. 이 책에서 가장 많이 사용하는 것은 L사이즈입니다. 하지만 가지고 있는 오븐의 크기에 따라 M, S사이즈의 틀을 만들고 아래의 내용을 참고해 배합을 조절할 수 있어요.

※시판 오븐판을 사용할 때는 반죽의 두께나 모양이 다소 달라지지만, L사이즈의 경우 가로×세로 크기가 각 27~30cm 전후로 대용 가능합니다.

L size	M size	S size
이 책의 기본 틀. 반죽이 얇고 가로폭도 길다. 모든 반죽에 있어서 기본 배합+크림을 말면 '돌돌 말기'가 됩니다. 과일 등을 넣었을 때는 꽉 눌러서 말 수 없으므로 '일본어 の자로 말기'로 마무리를 합니다.	공립법, 별립법 반죽을 흘려 넣는 타입. 수플레 반죽은 기본 배합으로 '일본어 の자로 말기'를 합니다. 과일 등을 많이 넣으면 약간 길이가 모자랍니다. 크림만 말고 싶을 때 사용하세요. 과일을 넣어서 크림 양을 약간 늘리면 큼지막한 '둥글게 말기'가 됩니다. 별립법 반죽을 짜는 타입은 가감에 따라 소량이 남을 수 있습니다.	공립법·별립법 반죽을 흘려넣는 타입은 기본 배합으로 두꺼운 반죽을 구울 수 있습니다. 양 사이드에서 살포시 한번 마는 '둥글게 말기'로 해주세요. 이 틀에서 '돌돌 말기'를 하고 싶으면 기본 배합의 양을 2/3로 줄입니다. 수플레 반죽은 너무 두꺼우므로 양을 2/3으로 줄여서 '둥글게 말기', '돌돌 말기'를 하고 싶다면 양을 1/2로 줄입니다. 별립법 반죽의 짜는 타입은 반죽이 얇아지므로, '일본어 の자로 말기' 방법을 추천합니다. 반죽이 남기 때문에 P.64의 '핑거 비스킷' 같이 막대 모양으로 짜서 구우세요.

틀과 까는 종이 만드는 법
《모든 틀, 까는 종이 공통》

1 틀로 사용할 종이는 1mm 두께의 '마분지'를 쓴다. 정해진 방법대로 선을 긋고, 옆면 둘레는 3cm 자른다. 네 곳에 가위집을 낸다.

2 깔 종이(복사 용지도 가능)를 1보다 1~2mm 작게 만든 다음, 시계 방향으로 가위집을 넣는다(종이가 쓰러져서 반죽에 들러붙지 않게 하기 위해서).

3 틀 종이는 선에 따라 가볍게 컷터 칼날 뒷면으로 그은 후에 접고 네 모퉁이를 클립으로 고정시킨다. 클립은 종이를 끼울 수 있는 문구용 더블클립을 말한다.

4 틀에 **2**의 까는 종이를 넣으면 완성. 오븐에서 사용한 후, 열로 틀의 바닥이 들뜨는 경우가 있으므로 반죽을 꺼낸 후 무거운 것을 올려 평평하게 해둔다.

Contents

Basic roll cake
기본 롤 케이크

A	B	C	D	E	F
p.8	p.9	p.10	p.11	p.12	p.13

G	H	I	J	K	L
p.14	p.15	p.16	p.17	p.18	p.19

Basic lesson
롤 케이크 만들기 Step 1~4

Step 1 반죽을 만들어요…p.21

M	N	O
공립법 기본 반죽	별립법 기본 반죽	수플레 기본 반죽
p.22	p.24	p.26

Step 2 구운 시트 처리법…p.28
Step 3 크림을 만들어요…p.31
Step 4 여러 가지 마는 방법…p.35
돌돌 말기. 일본어 の자로 말기…p.36
둥글게 말기…p.38

Technique roll cake
테크닉 롤 케이크

P	Q	R	S	T	U
p.40	p.41	p.44	p.45	p.48	p.49

V	W	X	Y	Z
p.52	p.53	p.56	p.57	p.60

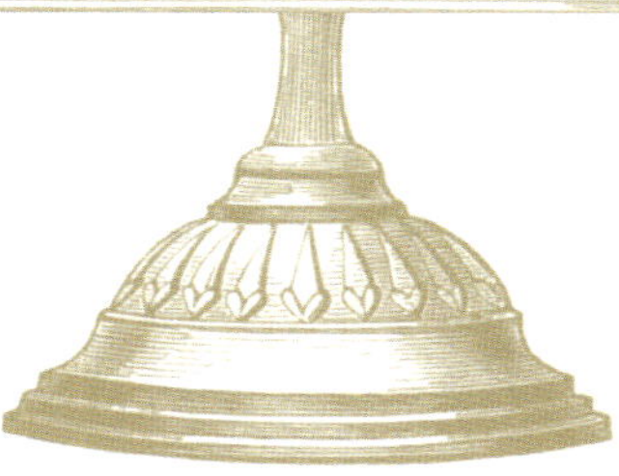

※이 책의 레시피는 모두 g표기입니다.

※ 달걀은 중간 크기를 사용했습니다.

※오븐의 온도와 굽는 시간은 예열 상태에 따라 달라집니다. 틀은 L사이즈를 기준으로 합니다. 틀이 작아지면 반죽이 두꺼워지므로 같은 배합의 경우, M사이즈에서 1분, S사이즈에서 2분 정도 더 구워줍니다. S사이즈에서 반죽량을 2/3로 줄일 경우엔 지정된 시간을 기준으로 구우세요.

기본 반죽에서 펼쳐지는 베이직한 롤 케이크 레시피입니다.
가루를 바꾸거나, 파우더나 퓌레로 맛에 변화를 주었어요.
'시트와 크림'의 심플한 조합.
취향에 딱 맞는 레시피를 찾아보세요.

A

동결건조 딸기 시트 + 콘덴스밀크크림

어렴풋이 느껴지는 콘덴스밀크향의 크림과 동글동글 딸기의 절묘한 밸런스

재료

【시트】
달걀···· 3개
그래뉴당···60g
박력분···60g
A
 우유···20g
 콘덴스밀크···20g
 무염버터···10g
동결건조 딸기···7g

【크림】
생크림43%···180g
콘덴스밀크···20g
그래뉴당···10g

【필링】
딸기···10개 정도

《준비해 둘 것》

＊P.22 '공립법 기본 반죽'과 같다.
＊동결건조 딸기를 5mm 깍둑썰기로 잘라둔다(a).
※딸기 꼭지는 따놓는다.

공립법

How to make

1 P.22의 '공립법 기본 반죽'으로 만든다. 1에서 콘덴스밀크를 같은 그릇에 넣는다. 15번 과정처럼 윤기가 날 때까지 섞고 동결건조 딸기를 넣어 섞은 후, 틀에 흘려 넣는다. 이후의 작업도 같은 방식으로 한다.

2 예열한 오븐에서 굽는다(190도 12~13분). 구워진 시트는 P.29의 '안으로 말기' 방법으로 마무리 해둔다.

3 생크림 재료를 전부 볼에 넣고, 80%까지 거품을 올린다(P.32). 구워진 면 위에 크림을 바르고 몸쪽에서 3cm 떨어진 곳에 딸기를 가로 일렬로 놓는다. 제일 처음 들어 올리는 부분으로 딸기를 감싸 안듯이 만다. 마는 방법은 P.36의 '돌돌 말기'.

악센트로 효과적인 동결건조 딸기. 제과재료점에서 구입할 수 있습니다.

B

블랙 코코아 시트 + 생크림 베이스의 초코크림

블랙 코코아를 넣어 까만색 케이크를 만들었어요. 시트를 겉으로 말아 윤기있게 표현했습니다

재료

【시트】
달걀···3개
그래뉴당···70g
박력분···50g
블랙 코코아···10g
A { 우유···30g
{ 무염버터···10g

【크림】
생크림43% A···60g
제과용초콜릿(스위트)···60g
생크림43% B···100g

《준비해 둘 것》

*P.22 '공립법 기본 반죽'과 같다. 블랙 코코아는 박력분과 합쳐서 체에 쳐둔다.
*초콜릿은 잘게 잘라둔다.

공립법

How to make

1. P.22를 참조하여 '공립법 기본 반죽'을 만든다. 12번 과정에서 체에 쳐둔 박력분과 블랙 코코아를 넣는다. 13번 과정에서 기본 반죽보다는 가볍게 섞는다(a). 이후의 작업은 기본 반죽과 같다.

2. 예열한 오븐에서 굽는다(190도 12~13분). 구워진 시트는 P.29의 '겉으로 말기' 방법으로 마무리 해둔다.

3. 잘게 자른 초콜릿을 볼에 넣고 끓인 생크림 A를 넣는다. 가운데부터 천천히 섞어서 전체를 매끄럽게 만든다.

4. 생크림 B의 거품을 80%까지 올린다(P.32). 체온정도로 식힌 3을 넣어 섞은 후, 다시 한번 80%까지 거품을 올린다. 구워진 면을 아래로 하여 크림을 바르고 만다. 마는 방법은 P.36의 '돌돌말기'.

코코아의 유지 때문에 거품이 쉽게 사라져 기본 반죽보다 가볍게 섞는다.

전립분 시트 + 생크림 베이스의 고구마를 넣은 크림

전립분의 소박한 반죽에 크림과 고구마를 더한 부드러운 식감이 악센트

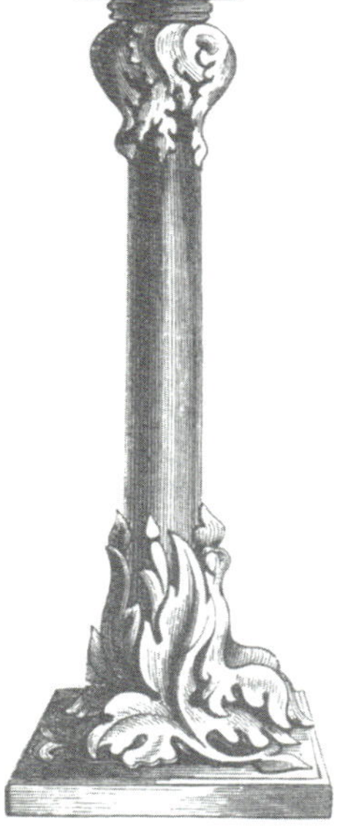

재료

【시트】
달걀···3개
수수설탕···70g
전립분···70g
A { 우유···30g
{ 무염버터···10g

【크림】
생크림43%···150g
수수설탕···15g

【필링】
고구마···150g(작은 것 1개)

《준비해 둘 것》

*P.22 공립법 기본 반죽과 같다. 박력분 대신 전립분을
뿌려둔다. 망에 남은 알갱이도 넣는다.
*수수설탕은 각각 체에 쳐둔다.

How to make

I P.22를 참조하여 공립법 기본 반죽을 만든다. **2**번 과정
에서 그래뉴당 대신 수수설탕을 넣고, **12**번 과정에서
박력분 대신 전립분을 넣는다. 이후의 작업은 기본 반
죽과 같다.

2 예열한 오븐에서 굽는다(190도 12~13분). 구워진 시트
는 P.29의 '안으로 말기' 방법으로 마무리 해둔다.

3 고구마를 2cm로 깍둑썰기하여 물에 삶는다. 물이 끓으
면 약불로 줄이고 대나무꼬치가 들어갈 정도로 삶는다.
체로 건져서 식힌다. ※찜기에서 부드럽게 쪄도 좋다.

4 생크림과 수수설탕을 섞고 80%까지 거품을 올린다
(P.32). 구워진 면 위에 크림을 바르고 식은 고구마를 두
줄로 늘어놓는다(a). 제일 처
음 들어 올리는 부분으로 고
구마를 싸듯이 만다. 마는 방
법은 P.36의 '돌돌 말기'.

고구마는 줄을 맞춰 나란히 올리면,
어느 부분을 잘라도 같은 단면에 고구
마가 보이게 된다.

쌀가루 시트 + 커스터드크림 베이스의 두유크림

포피시드의 도톨도톨함이 악센트. 짜낸 크림에 콩고물을 뿌려서 말아줍니다

공립법

재료

【시트】
달걀···3개
그래뉴당···70g
쌀가루···60g
두유···30g
포피시드···10g

【크림】
두유···300g
바닐라빈···5cm
달걀노른자···3개
그래뉴당···60g
쌀가루···24g
콩가루···적당량

《준비해 둘 것》

*P.22 '공립법 기본 반죽'과 같은 방법. 박력분 대신 쌀가루를 뿌려둔다.

How to make

1 P.22를 참조하여 '공립법 기본 반죽'을 만든다. 버터를 사용하지 않으므로 1번의 작업은 생략한다. 12번 과정에서 박력분 대신 쌀가루를 넣고, 14번 과정에서 '우유+버터' 대신 두유를 넣는다. 이후의 작업은 기본 반죽과 같다. 반죽을 틀에 흘려 넣은 후 포피시트를 전체 면에 뿌린다(a).

2 예열한 오븐에서 굽는다(190도 12~13분). 구워진 시트는 P.29의 '겉으로 말기' 방법으로 마무리 해둔다.

3 우유 대신 두유, 박력분 대신 쌀가루를 사용해서 커스터드 크림을 만든 후(P.32) 식힌다. 매끄러워졌으면 빗살(단면줄) 모양 깍지를 끼운 짤주머니에 넣고 구워진 면을 아래로 하고 크림을 짠다. 위에서 콩가루를 뿌린 뒤 만다. 마는 방법은 P.36의 '돌돌 말기'.

포피시드는 반죽 전체 면에 균일하게 흩뿌린다.

망고 시트 + 생크림 베이스의 망고크림

망고를 으깨 만든 퓌레를 크림에 넣었어요

재료

【시트】
달걀노른자---3개
그래뉴당 A---30g
달걀흰자---3개
그래뉴당 B---40g
박력분---60g
망고파우더---15g
레몬즙---10g
우유---20g

【크림】
생크림45%---120g
그래뉴당---12g
망고퓌레---60g

【필링】
자른 망고---150g
*망고 중간크기 약 2개로 퓌레와 필링을 만든다.

《준비해 둘 것》

*P.24 '별립법 기본 반죽'과 같다.
*망고는 껍질을 벗기고 과육을 자른다. 60g은 으깨거나 고운체에
걸러서 퓌레를 만들고, 남은 150g은 1.5cm로 각둑썰기 해둔다.

별립법

How to make

1 P.24를 참조하여 '별립법 기본 반죽'을 만든다. **4**번 과정
에서 레몬즙과 망고파우더를 넣고 섞는다. 이후의 작업
은 **14**번까지 기본 반죽과 같다. 짜지 않고 틀에 흘려 넣
어 굽기 때문에(P.25 '평평하게 흘려 넣어 굽는 경우' 참
조) 우유를 넣어 섞은 뒤 틀에 흘려 넣는다.

2 예열한 오븐에서 굽는다(190도 12~13분). 구워진 시트
는 P.29의 '안으로 말기' 방법으로 마무리 해둔다.

3 생크림에 그래뉴당, 퓌레상태가 된 망고를 넣고 90%까
지 거품을 올린다(P.32). 구워진 면의 위에 크림을 바르
고, 자른 망고를 3열로 늘어놓은 뒤 P.37 '과일을 넣어
말 때'를 참조해 만다.

블루베리 시트 + 생크림 베이스의 사워크림

시트의 색을 살리는 안으로 말기를 하여 세련되게 완성했어요. 산뜻한 풍미의 크림이 시트와 잘 어울려요

재료

【시트】
달걀노른자···3개
그래뉴당 A···30g
달걀흰자···3개
그래뉴당 B···40g
박력분···60g
블루베리 파우더···15g
레몬즙···15g
우유···15g

【크림】
생크림38%···150g
그래뉴당···20g
사워크림···50g

《준비해 둘 것》

*p.24 '별립법 기본 반죽'과 같다.
*크림에 사용하는 사워크림(a). 사워크림이 없을 경우에는 80g의 요구르트를 키친타올 깐 체에 올린 후, 50g이 될 때까지 수분을 뺀 것을 대용으로 쓸 수 있다. 이 경우 생크림은 43%를 사용한다.

별립법

How to make

1 P.24를 참조하여 '별립법 기본 반죽'을 만든다. **4**번 과정에서 레몬즙과 블루베리 파우더를 넣고 섞는다. 이후의 작업은 **14**번까지 기본 반죽과 같다. 짜지 않고 틀에 흘려 넣어 굽기 때문에(P.25 '평평하게 흘려 넣어 굽는 경우' 참조) 우유를 넣어서 섞고 틀에 흘려 넣는다.

2 예열한 오븐에서 굽는다(190도 12~13분). 구워진 시트는 P.29의 '안으로 말기' 방법으로 마무리 해둔다.

3 크림의 재료를 전부 볼에 넣고 80%까지 거품을 올린다 (P.32). 구워진 면 위에 크림을 바르고 만다. 마는 방법은 P.36의 '돌돌 말기'.

사워크림은 생크림을 유산발효 시킨 것. 산뜻한 산미가 특징이며 깊은 맛이 생긴다.

시금치 시트 + 생크림 베이스의 흰깨크림

복슬복슬 귀여운 모습은 짜내어 굽는 케이크만의 사랑스러움이지요
시금치를 넣어 일본풍 시트를 만들었어요

재료

【시트】
달걀노른자···3개
그래뉴당 A···30g
시금치파우더 A···5g
달걀흰자···3개
그래뉴당 B···40g
박력분···50g
시금치파우더 B···5g
슈거파우더···적당량

【크림】
생크림43%···160g
그래뉴당···15g
꿀···10g
흰깨페이스트(무가당)···50g

《준비해 둘 것》

*P.24 '별립법 기본 반죽'과 같다. 시금치파우더 B는 박력분
과 합쳐서 체에 쳐둔다.

별립법

How to make

I P.24를 참조하여 '별립법 기본 반죽'을 만든다. **4**번 과정
에서 시금치파우더 A를 넣고 섞는다. 이후의 작업은 기
본 반죽과 같다. **13**번 과정에서 합쳐서 체에 쳐둔 박력
분과 시금치파우더 B를 넣는다. **17**번까지 기본 반죽과
같다.

2 예열한 오븐에서 굽는다(190도 10~12분). 구워진 시트
는 P.29의 '안으로 말기' 방법으로 마무리 해둔다.

3 크림의 재료를 전부 볼에 넣고 80%까지 거품을 올린
다(P.32). 구워진 면을 아래로 하여 크림을 바르고 만다.
마는 법은 P.36의 '돌돌 말기'

흰깨 페이스트. 없으면 볶은깨를
사용해도 된다.

너트시트 + 생크림 베이스의 프랄리네크림

바삭바삭 고소한 견과류와 크림에 섞은 프랄리네의 식감이 재미있는 케이크입니다

재료

【시트】
달걀노른자···3개
그래뉴당 A···30g
달걀흰자···3개
그래뉴당 B···40g
박력분···60g
피스타치오···10g
아몬드···30g
슈거파우더···적당량

【크림】
생크림43%···180g
그래뉴당···40g
슬라이스 아몬드···20g

《준비해 둘 것》

*P.24 '별립법 기본 반죽'과 같다.
*피스타치오와 아몬드를 3~5mm로 대충 깍둑썰기
해둔다(a).

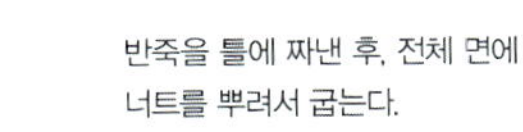

별립법

How to make

I P.24를 참조하여 '별립법 기본 반죽'을 만든다. **I7**번까지
기본 반죽과 같다. 슈거파우더를 뿌리고 잘라둔 피스타치
오와 아몬드를 전체 면에 뿌린다.

2 예열한 오븐에서 굽는다(190도 10~12분). 구워진 시트의
처리는 P. 29의 '겉으로 말기' 방법으로 마무리해 둔다.

3 슬라이스 아몬드 20g과 그래뉴당 40g으로 캐러멜리제 너
트를 만든다(P.51의 **9~I0**번 과정). 오븐페이퍼를 깐 판에
올려두고 엿상태로 단단해질 때까지 식힌다. 식힌 다음 두
꺼운 봉지에 넣고 으깨어 알갱이 상태로 만든다.

4 3을 생크림에 넣고 80%까지
거품을 올린 후(P.32) 구워진
면을 아래로 하여 크림을 바르
고 만다. 마는 방법은 P.36의
'돌돌 말기'.

반죽을 틀에 짜낸 후, 전체 면에
너트를 뿌려서 굽는다.

치즈시트 + 커스터드 크림 베이스의 크림치즈

겉면에 뿌려준 치즈가 너무나 고소해요. 부드럽고 쫄깃쫄깃한 시트와 치즈크림이 잘 어울립니다

재료

【시트】
무염버터···40g
우유 A···10g
박력분···60g
달걀···1개
달걀노른자···3개
우유 B(60도)···40g
달걀흰자···3개
그래뉴당···60g
에담치즈(분말)···15g

【크림】
우유···200g
박력분···18g
그래뉴당···40g
달걀노른자···2개
크림치즈···100g

《준비해 둘 것》

*P.26 수플레 기본 반죽과 같다.

수플레

How to make

1 P.26을 참조하여 '수플레 기본 반죽'을 만든다. **19**번 과
정에서 반죽을 평평하게 만들고 에담치즈(a)를 전체 면
에 뿌린다.

2 예열한 오븐에서 굽는다(180도 15~16분). 구워진 시트의
처리는 P.29의 '겉으로 말기' 방법으로 마무리 해둔다.

3 커스터드 크림을 만든다(P.32). **11**번에서 따뜻한 상태
로 크림치즈를 넣어 섞은 후, 식힌다. 매끄러워졌으면 빗
살(단면줄) 모양 깍지를 끼운 짤주머니에 넣고 구워진
면을 아래로 하고 크림을 짠다. 마는 법은 P.36의 '돌돌
말기'.

분말 에담치즈. 없으면 분말 파르메산
치즈로 대용 가능하다.

초콜릿시트 + 커스터드 크림 베이스의 초코크림

묵직하면서 촉촉한 볼륨감이 살아있는 시트와 진한 크림입니다

재료

【시트】
무염버터---40g
우유 A---10g
박력분---50g
코코아---10g
제과용 초콜릿(밀크)---10g
달걀---1개
달걀노른자---3개
우유 B(60도)---40g
달걀흰자---3개
그래뉴당---60g

【크림】
우유---100g
박력분---10g
달걀노른자---1개
그래뉴당---10g
제과용 초콜릿(밀크)---30g
생크림43%---100g

【데커레이션】
남은 크림---적당량
제과용 초콜릿---적당량

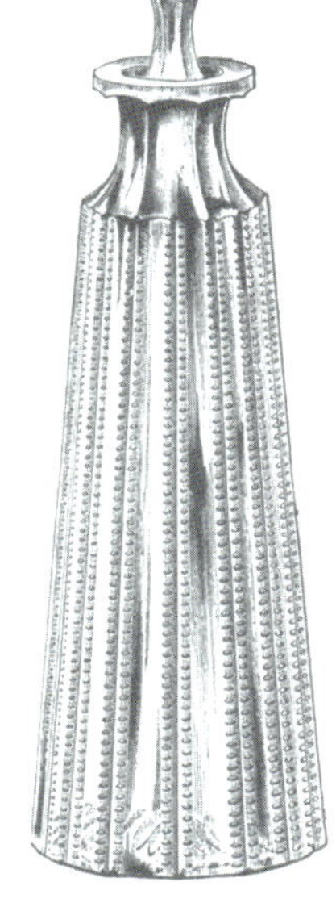

수플레

*P.26 수플레 기본 반죽과 같다. 코코아 파우더는 박력분과 합쳐서
체에 쳐둔다.
*초콜릿은 각각 잘게 잘라둔다.

How to make

1 P.26을 참조하여 '수플레 기본 반죽'을 만든다. **7**번 과정에서 볼에 옮긴 후 자른 초콜릿을 넣어 섞어서 녹이고, 달걀의 1/3을 넣는다. 이후의 작업은 기본 반죽과 같다.

2 예열한 오븐에서 굽는다(180도 15~16분). 구워진 시트는 P.29의 '겉으로 말기' 방법으로 마무리 해둔다.

3 커스터드 크림을 만든다(P.32). 볼에 쏟아 넣은 후, 초콜릿을 넣고 녹인 뒤에 식힌다.

4 다른 볼에서 생크림의 거품을 80%까지 올리고(P.32), **3**이 식으면 합쳐서 넣는다. 매끄럽게 만들어서 빗살(단면줄) 모양 깍지를 끼운 짤주머니에 넣고 구워진 면을 아래로 하여 크림을 짠다. 마는 법은 P.36의 '돌돌 말기'. 취향대로 남은 크림을 짠 후, 초콜릿으로 장식한다.

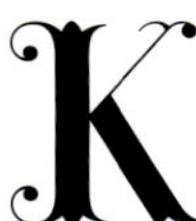

K

밤시트 + 생크림 베이스의 밤을 넣은 크림

시트 반죽과 크림에 모두 마론크림을 섞었습니다. 고급스런 밤맛을 맛볼 수 있어요

재료

【시트】
무염버터---40g
우유 A---10g
박력분---60g
마론크림---50g
달걀---1개
달걀노른자---3개
우유 B(60도)---20g
달걀흰자---3개
그래뉴당---40g
【크림】
생크림43%---150g
마론크림---20g
【필링】
밤 알갱이---130g

《준비해 둘 것》

*P.26 '수플레 기본 반죽'과 같다.
*밤알갱이는 1.5cm로 깍뚝썰기 해둔다.

How to make

1 P.26을 참조하여 '수플레 기본 반죽'을 만든다. **7**번 과정에서 볼로 옮긴 후 마론크림을 넣어 섞고 달걀의 1/3을 넣는다. 이후의 작업은 기본 반죽과 같다.

2 예열한 오븐에서 굽는다(180도 15~16분). 구워진 시트의 처리는 P.29의 '겉으로 말기' 방법으로 마무리 해둔다.

3 생크림과 마론크림을 합쳐서 80%까지 거품을 올린다(P.32). 구워진 면 위에 크림을 바르고 밤을 뿌린다(a). 제일 처음 들어 올리는 부분으로 밤을 싸듯이 만다. 마는 방법은 P.36의 '돌돌 말기'.

말기 시작하는 열만 가로 1열로 배열한다. 남은 것은 균일하게 흩어주면 된다.

오렌지시트 + 생크림 베이스의 오렌지크림

반죽에 섞은 오렌지필로 색감을 더했어요. 오렌지 풍미의 상쾌한 크림입니다

재료

【시트】
무염버터---40g
오렌지주스 A---10g
박력분---60g
달걀--1개
달걀노른자---3개
오렌지주스 B(60도)---40g
오렌지필---50g
달걀흰자---3개
그래뉴당---60g
【크림】
생크림45%---150g
그래뉴당---18g
오렌지주스---50g
쿠앵트로---5g
【데커레이션】
남은 크림---적당량
오렌지콩피---적당량

《준비해 둘 것》

*P.26 '수플레 기본 반죽'과 같다.
*오렌지주스는 과즙 100%로 사용한다.
*오렌지필은 5mm로 깍둑썰기 해둔다(a).

수플레

How to make

1 P.26을 참조하여 '수플레 기본 반죽'을 만든다. **2**번 과정에서 우유 대신 오렌지주스 A를 사용. **3**번에서 **12**번 과정까지는 같은 방법과 순서. **13**번에서 넣을 우유를 60도 정도로 데운 오렌지주스 B로 바꿔 넣고, **17**번 뒤 오렌지필을 넣고 섞는다. 이후의 작업은 기본 반죽과 같다.

2 예열한 오븐에서 굽는다(180도 15~16분). 구워진 시트는 P.29의 '겉으로 말기' 방법으로 마무리 해둔다.

3 크림의 재료를 전부 볼에 넣고 80%까지 거품을 올린다(P.32). 구워진 면의 위에 크림을 바르고 만다. 마는 법은 P.36의 '돌돌 말기'. 취향대로 남은 크림을 짜고, 오렌지콩피로 장식한다.

시판 오렌지필을 사용. 잘라진 것으로 구입해도 괜찮다.

Basic lesson

롤 케이크 만들기 Step 1~4

폭신폭신하고 부드러운 스펀지 반죽
쫄깃쫄깃, 촉촉한 수플레 반죽
구워진 시트의 처리와 크림, 마는 방법,
각각에 요령이 있으므로
우선 확실하게 기본을 마스터하세요.

Step 1

반죽을 만들어요

기본 반죽은 3가지. 스펀지 반죽을 만드는 공립법. 별립법 타입 반죽과 수플레 반죽입니다.
먼저 플레인 반죽부터 만들어보세요.

♠	♣	♥
공립법 기본 반죽	별립법 기본 반죽	수플레 기본 반죽
how to make P.22	how to make P.24	how to make P.26

M

스펀지 반죽 중에서 전란과 설탕을 함께 넣어 거품을 내는
'공립법'으로 반죽을 만듭니다.
폭신폭신한 식감의 기본 롤 케이크 반죽입니다.

재료

달걀---3개
그래뉴당---70g
박력분---60g
A {우유---30g
  {무염버터---10g

《준비해 둘 것》

*L사이즈(25×30cm) 틀(P.5)을 만들고 종이를
깔아둔다.
*박력분은 체에 쳐둔다.
*오븐은 200도로 예열해둔다.

• 다 구워진 기준

손가락의 볼록한 부분으로 부드럽게 눌렀
을 때 가벼운 탄력이 있으면 다 구워진 것입
니다. 대나무 꼬치 등으로 찔렀을 때 반죽이
묻어나지 않아도 구워지지 않은 경우가 있
으므로 탄력으로 확인합니다.
너무 구워지면 반죽이 건조해져서 말 때 갈
라지기 쉽습니다. 덜 구우면 반죽의 표면이
끈적끈적하고 무너진 상태가 되므로 주의하
세요.

How to make

1 A(우유+버터)는 작은 그릇에 담고 중탕을 하거나 전자레인지에 넣어서 녹인다.

2 달걀을 핸드믹서로 풀어서 섞고 그래뉴당을 넣는다(풀어서 섞지 않으면 달걀 노른자가 응어리진다).

3 50도 정도의 따뜻한 물을 넣은 볼에 2의 볼을 대고, 핸드믹서를 저속으로 돌리면서 중탕 상태로 거품을 올린다.

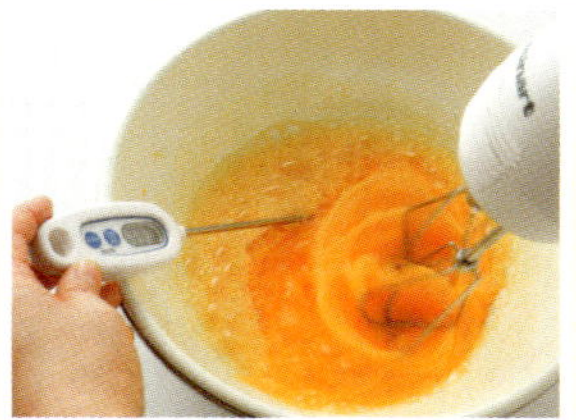

4 큰 거품이 생긴다(38도 정도). 너무 데워지면 거친 반죽이 되므로 여기에서 중탕을 멈춘다.

5 중탕을 멈추고 핸드믹서를 고속으로 하여 다시 거품을 올린다.

6 반죽이 점점 하얗게 되면서 끈끈해진다. 이대로 고속으로 또 한번 거품을 올린다.

7 달걀에 거품이 생겨 하얗고 묵직하게 되고 핸드믹서가 움직인 자국이 사라지지 않게 된다.

8 핸드믹서를 멈추고 반죽을 위에서 떨어뜨려서 8자를 쓴다. 8자가 사라지지 않는 상태이면 거품내기 완료.

9 큰 거품이 남아 있다. 그대로 두면 결이 거친 스펀지 반죽이 되므로 큰 거품을 없앤다.

10 믹서를 저속으로 하고 볼에 직각으로 세운다. 천천히 돌리며 반죽의 기포를 균일하게 정돈한다.

11 큰 거품이 사라지고, 기포가 균일하게 정돈됐다. 반질반질해지고 큰 기포가 사라진 상태이다.

12 핸드믹서에서 젓개를 뺀다. 체에 친 박력분을 넣고 젓개로 섞는다.

13 젓개를 사용하여 재빨리 가루를 분산시키듯이 섞는다. 가루가 보이지 않고 균일해지면 된다.

14 합쳐서 녹인 I(우유+버터)을 고무주걱에 대고 볼 전체에 돌리면서 넣는다.

15 고무주걱으로 '일본어 の자'를 쓰듯이 섞는다. 주걱이 되돌아온 흔적이 평평하게 되고 윤기가 생기면 반죽 완성.

16 준비한 틀에 한꺼번에 흘려 넣는다. 스크레이퍼로 중앙에서 네 귀퉁이를 향하여 균일하게 반죽을 넣는다.

17 틀의 모서리까지 반죽이 채워지도록 사진처럼 스크레이퍼를 세워서 반죽을 밀어 넣는다.

18 균일하게 반죽이 채워졌으면 먼저 위쪽 면부터 스크레이퍼를 눕혀 쓸어주며 반죽의 표면을 균일하게 정리한다.

19 틀을 시계방향 반대로 45도 회전시키고 같은 방법으로 표면을 고르게 한다. 틀을 회전시켜서 고르게 만들어 가는 것이 비결.

20 한 바퀴 돌려 고르게 했으면 틀을 위에서 가볍게 떨어뜨려서 여분의 거품을 없애고 예열한 오븐에서 굽는다(190도 12~13분).

별립법 기본 반죽

N

스펀지 반죽 중에서 달걀을 노른자와 흰자로 따로 나눠서 거품을 내는
'별립법'으로 반죽을 만듭니다. 식감도 겉모양도 가볍고, 짜서 구울 수
있는 것이 특징. 틀에 흘려 넣어서 구울 수도 있어요.

재료

달걀노른자···3개
그래뉴당 A···30g
달걀흰자···3개
그래뉴당 B···40g
박력분···60g
【짜는 반죽의 경우】
슈거파우더···적당량
【틀에 흘려 넣어 구울 경우】
우유···30g

《준비해 둘 것》

*L사이즈(25×30cm) 틀(P.5)을 만들고 종이를
깔아둔다.
*박력분은 체에 쳐둔다.
*오븐은 200도로 예열해둔다.

• 다 구워진 기준

손가락의 볼록한 부분으로 부드럽게 쓰다듬
었을 때 마른 느낌이 나면 다 구워진 것.
다른 반죽보다 얇기 때문에 너무 굽지 않도
록 특별한 주의가 필요합니다.
'평평하게 흘려 넣어 구울 경우'는 손가락의
볼록한 부분으로 부드럽게 눌러서 가볍게
탄력이 있으면 다 구워진 것입니다. 너무 구
워지면 반죽이 건조해져 말 때 갈라지기 쉽
습니다. 덜 구우면 반죽의 표면이 끈적끈적
하고 무너진 상태가 되므로 주의하세요.
시간안에 다 구워지지 않는다면 오븐의 온
도를 10~20도 올려서 구워보세요.

How to make

1 달걀노른자와 흰자는 각각 다
른 볼에 분리해 놓는다. 이 때
달걀흰자에 노른자가 들어가
지 않도록 주의한다.

2 달걀 노른자를 거품기로 섞어
서 풀고 그래뉴당 A를 넣는다
(섞어서 푼 후에 넣지 않으면
달걀 노른자가 응어리진다).

3 50도 정도의 따뜻한 물을 넣
은 볼에 **2**의 볼을 대고 중탕
상태로 가볍게 그래뉴당을 녹
인다. 체온 정도가 됐으면 중
탕을 멈춘다.

4 반죽이 하얗게 되고 사진처럼
묵직해질 때까지 거품기로 거
품을 올린다.

5 머랭을 올린다. 달걀 흰자가
들어있는 볼에 그래뉴당 B중
에 1/3 작은술을 넣는다.

6 얼음물에 대고 핸드믹서를 고
속으로 해서 거품을 올린다
(냉장고에서 꺼낸 직후의 달걀
흰자나 추운 계절에는 얼음물
에 대지 않아도 된다).

7 물같지 않은 상태가 되면 남
은 그래뉴당 1/3을 넣는다.

8 거품을 더 올린 후 남은 그래
뉴당 1/2을 넣는다. 계속 거품
을 올려 머랭 모양이 단단해지
면 마지막 남은 그래뉴당을 넣
는다.

9 다시 거품을 올려서 윤기가 있고 뿔이 확실하게 서면 머랭 완성.

10 **4**의 달걀노른자가 들어있는 볼을 고무주걱으로 가볍게 다시 섞은 뒤, 머랭이 들어있는 볼 속으로 넣는다.

11 거품기를 빙글빙글 부드럽고 크게 돌려서 사진 정도까지 섞는다.

12 고무주걱으로 바꿔서 볼 바닥까지 머랭이 균일하게 되도록 섞는다.

13 박력분을 넣고 고무주걱으로 '일본어 の자'를 쓰듯이 거품이 없어지지 않도록 폭신하게 섞는다.

14 가루가 섞이고 윤기가 생겼으면 반죽 완성. 너무 많이 섞으면 짰을 때 산이 제대로 나오지 않는다.

15 짤주머니에 1cm의 원형깍지를 끼운다. 반죽이 흘러나오지 않도록 짤주머니의 끝을 비틀어 모양깍지에 밀어 넣는다. 반죽을 넣고, 쓰는 손을 위에, 반대편 손은 모양깍지 쪽을 잡는다.

16 짤주머니를 세워서 쓰는 손으로 반죽을 짜낸다. 한줄 한줄이 겨우 달라붙을 정도의 간격으로 짠다. 너무 달라붙으면 구웠을 때 예쁜 산이 나오지 않는다.

【평평하게 흘려 넣어 굽는 경우】

17 전체 면에 슈거파우더를 2번 뿌린다. 이것에 의해 막이 생겨 더욱 부풀고 표면이 부드러워진다. 예열한 오븐에서 굽는다(190도 10~12분).

1 반죽이 완성됐으면 우유를 고무주걱에 대고 전체에 돌려서 넣어 균일하게 섞는다.

2 각 모서리에도 확실하게 반죽을 넣어 표면을 평평하게 한다 (표면을 균일하게 만드는 법은 P.23 **16~19** 참조).

3 완성. 평평하게 흘려 넣어 구울 때는 슈거파우더를 뿌리지 않는다. 예열한 오븐에서 굽는다(190도 12~13분).

수플레 기본 반죽

쫄깃쫄깃 촉촉하고 살짝 볼륨이 있는 수플레 반죽.
스펀지 반죽과 달리 '박력분에 불을 가해서' 만드는 반죽입니다.
겉모양은 비슷하지만 식감은 다르답니다.

재료

무염버터---40g
우유 A---10g
박력분---60g
달걀---1개
달걀노른자---3개
우유 B(60도)---40g
달걀흰자---3개
그래뉴당---60g

《준비해 둘 것》

*L사이즈(25×30cm) 틀(P.5)을 만들고 종이
를 깔아둔다.
*박력분은 체에 쳐둔다.
*오븐은 200도로 예열해둔다.

• 다 구워진 기준

손가락의 볼록한 부분으로 부드럽게 눌렀
을 때 단단한 탄력이 있으면 다 구워진 것
입니다. 대나무 꼬치 등으로 찔렀을 때 반
죽이 묻어 나오지 않아도 구워지지 않은
경우가 있으므로 탄력으로 확인합니다.
너무 구워지면 반죽이 건조해져서 말때
갈라지기 쉽습니다. 덜 구우면 반죽의 표
면이 끈적끈적하고 무너진 상태가 되므로
주의하세요.
시간 안에 다 구워지지 않을 경우 오븐의
온도를 10~20도 올려서 구워보세요.

How to make

I 달걀흰자 3개는 큼지막한 볼
에 넣고 전란 1개와 달걀노른
자 3개는 별도의 그릇에 넣고
풀어서 섞어둔다.

2 버터와 우유 A를 냄비에 넣고
불에 올린다. 전체가 끓으면
불을 끈다.

3 체에 친 박력분을 한번에 넣
는다.

4 나무주걱으로 재빨리 치댄다.
응어리가 없어지고 크림상태
가 될 때까지 섞는다.

5 한덩어리가 된 상태에서 불에
올려(약불) 30초 정도 데운다.

6 두툼한 상태에서 윤기있는 상
태가 됐으면 불을 끈다. 냄비
바닥에 얇은 막이 덮인 상태
를 확인한다.

7 볼에 옮긴다. 3번으로 나눠서
달걀을 넣는다. 우선 풀어서
섞은 '달걀과 달걀노른자'의
1/3을 넣고 섞는다.

8 첫 번째 넣은 달걀이 잘 들어
간 상태. 여기까지 달걀을 넣
었으면 2번째 달걀(남은 달걀
양의 1/2)을 넣는다.

9 달걀을 넣을 때마다 응어리가 생기지 않도록 고무주걱으로 확실하게 섞어준다.

10 2번째 달걀도 정확하게 들어갔다. 세 번째 달걀(남은 전량)을 넣는다.

11 달걀이 전부 들어간 상태. **7**에서 여기까지의 작업은 반죽이 식기 전에 마치는 것이 포인트.

12 머랭을 올린다(P.24 **5~9**참조). 핸드믹서에서 젓개를 뺀다.

13 60도 정도(넘어가면 막이 생기기 쉽다)로 데운 우유 B를 두 번으로 나눠서 **11**에 넣고 섞는다.

14 올린 머랭이 들어있는 볼에 **13**을 한번에 넣는다.

15 핸드믹서에서 빼낸 젓개로 빙글빙글 돌리며 섞는다.

16 머랭의 빵빵한 느낌이 없어질 정도까지 섞는다.

17 마지막은 고무주걱으로 바꿔서 볼의 바닥에 붙은 머랭까지 깔끔하게 섞는다.

18 매끄러운 상태가 되면 반죽 완성.

19 준비한 틀에 한번에 흘려 넣는다. 스크레이퍼로 중앙에서 네 모서리를 향해서 반죽을 넣는다(표면을 고르게 하는 방법은 P.23 **16~19**참조).

20 틀을 위에서 가볍게 떨어뜨린 후, 예열한 오븐에서 굽는다(180도 15~16분).

Step 2

구운 시트 마는 법

롤 케이크에는 안으로 말기와 겉으로 말기가 있습니다.
각각 시트를 처리할 때 주의할 점이 있으므로 잘 읽고 작업하세요.

안으로 말기

구울 때 아랫면이었던 부분이 바깥쪽으로 오기 때문
에 구워진 색은 보이지 않는다. 종이를 벗긴 반죽감
이 남아있어 소박한 분위기를 내고 싶을 때나 색깔
반죽을 할 때 마는 법입니다.

겉으로 말기

구울 때 윗면이었던 '구워진 부분'이 바깥쪽에 온다.
광택있는 반죽면을 표현하거나, 구울 때에 재료를 뿌
리거나 초콜릿으로 그림을 그리는 등 다양한 효과를
내고 싶을 때 마는 법입니다.

How to make 〔겉으로 말기. 안으로 말기 공통〕

1 구워진 시트를 오븐판에서 미끄러뜨리듯 꺼낸다(예열로 구워져서 굳는 것을 방지하기 위해서).

2 다른 판에 올리고 가장자리가 굳지 않도록 사이드의 종이를 벗긴다.

3 시트 위에 새로운 종이를 올려 놓는다 ※겉으로 말기를 할 때는 김이 조금 빠질 때까지 기다린다.

4 시트 안쪽을 잡은 손앞으로 돌리듯이 시트를 뒤집는다. 사진은 뒤집은 상태.

5 구울 때의 종이를 천천히 벗긴다. 압축된 케이크 시트는 부드럽게 벗기지 않으면 압축면이 찢어져버리므로 주의할 것.

6 새로운 종이(롤을 만들기 위한 종이)를 올리고 구워진 면이 위로 오도록 뒤집는다.

7 구워진 면이 위가 된다. 별도의 새로운 종이를 위에 씌우고 건조되지 않도록 식힌다.

8 식은 상태. 이 상태에서 P.36의 마는 작업으로 들어간다.

〔안으로 말 때 주의사항〕　　　　　　　　〔실패한 예1〕　　　　　〔실패한 예2〕

3에서 김이 없어질 정도로 식힌다. 종이는 각각 오븐페이퍼를 사용하고 **4~6**의 방법으로 시트를 돌린다. 표면이 촉촉하면 위에 종이를 올리지 말고 식힌다.

말기 직전에 오븐페이퍼를 올리고 다시 돌려 구워진 면이 밑으로 가도록 놓고 크림을 바른 후에 만다.

랩을 직접 씌우면 시트가 벗겨진다. 구워진 면을 전부 벗기고 싶을 때는 이 방법을 써도 괜찮다.

5에서 종이를 벗긴 후에 구워진 면이 밑에 있도록 그냥 두면 아래에 시트가 들러붙어서 벗겨진다.

흰색 롤 케이크

재료

【시트】
달걀흰자···2개(70g)
그래뉴당···50g
박력분···60g
아몬드파우더···20g
A { 생크림43%···20g
    샐러드오일···10g

【크림】
제과용 초콜릿(화이트)···40g
생크림43% A···40g
생크림43% B···80g

《준비해 둘 것》

＊S(22×22cm) 틀에 틀보다 1~2mm 작게 만든 종이를 깔아둔다(P.5).
＊박력분과 아몬드파우더는 합쳐서 체에 쳐둔다.
＊초콜릿은 잘게 잘라둔다.
＊오븐은 200도로 예열해둔다.

How to make

1 달걀흰자와 그래뉴당으로 단단한 머랭을 만든다(P.24 **5~9** 참조).

2 박력분과 아몬드파우더를 넣고 고무주걱으로 거품이 없어지지 않게 빨리 섞는다.

3 가루가 약간 남아있을 때 A를 넣고 전체가 균일하게 되도록 섞는다.

4 준비한 틀에 흘려넣는다. 스크레이퍼로 평평하게 고르고 예열한 오븐에서 굽는다(180도 14~15분).

5 자른 초콜릿을 볼에 넣고 끓인 생크림 A를 넣는다. 중앙부터 천천히 섞어 전체를 매끈하게 만든다.

6 생크림 B의 거품을 80%까지 올리고(P.32) **5**가 체온 정도로 식으면 넣어서 함께 섞는다. 다시 80%까지 거품을 올린 다음 구워진 면의 위에 크림을 바르고 만다. 마는 법은 (P. 36)의 '돌돌 말기'.

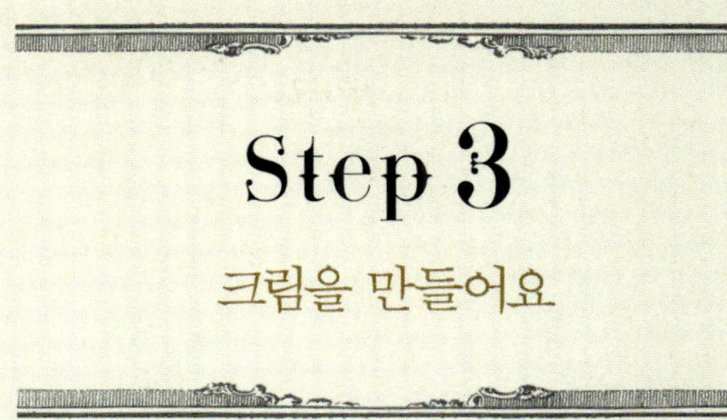

Step 3

크림을 만들어요

여기에서는 '생크림'과 '커스터드 크림' 2종류를 베이스로 하였습니다.
각각의 베이스를 변형해가며 다양한 맛으로 넓혀가세요.

생크림 거품내기

롤 케이크에는 80~90%로 거품을 올린 생크림을 주로 사용합니다. 크림의 맛을 결정한다고 할 정도로 중요한 것은 생크림의 품질입니다. 품질에 따라 크림의 맛이 좌우되므로 맛있는 것을 잘 고르도록 하세요.

재료

생크림···150g
그래뉴당(분당)···15g

How to make

1 이 책에서 사용한 생크림입니다. 볼에 생크림과 그래뉴당을 넣은 후, 볼 바닥을 얼음물에 대고 휘핑합니다.

2 거품기로 건졌다가 떨어뜨린 크림이 '산으로 남을 정도'가 80% 거품을 올린 상태.

3 조금 더 휘핑하여 뿔이 서지만 '부드럽게 휘는 정도'가 90% 거품을 올린 상태.

4 더욱 휘핑하여 '오뚝 선 뿔이 단단하게 서 있는 정도'가 100% 거품을 올린 상태.

커스터드 크림 만들기

달걀노른자, 설탕, 밀가루를 섞고 우유를 넣어서 끓이는 기본 크림.
바닐라빈이 없을 때는
바닐라에센스나 오일을 사용해도 됩니다.
남은 달걀흰자로는 P.30, 34의 빵을 만들어보세요.

재료 〈기본 양〉
( )안은 S사이즈 틀에서 만들 경우

우유···300g(200g)
바닐라빈···5cm(3cm)
달걀노른자···3개(2개)
그래뉴당···60g(40g)
박력분···24g(18g)

How to make

1 바닐라빈의 꼬투리에 칼집을 넣어 안에 있는 열매를 긁어 낸다.

2 냄비에 우유를 넣고 열매와 꼬투리를 넣는다. ※바닐라오일의 경우는 여기에 넣는다.

3 달걀노른자를 풀고, 그래뉴당의 1/2을 넣고 저어서 섞는다.

4 3에 체에 친 박력분을 넣고, 거품기로 덩어리가 없어질 때까지 섞는다.

5 2의 냄비에 남은 그래뉴당을 넣고 중불에 올린다.

6 우유가 80도(냄비 가장자리가 보글보글할 정도) 정도 되면 불을 끈다.

7 4의 볼에 조금씩 넣고 거품기로 펼쳐 섞는다. 남은 우유도 전부 넣어 섞는다.

8 빈 냄비를 가스렌지에 올린다. 7을 체에 걸러 냄비에 담는다.

9 나무주걱이나 내열성이 있는 고무주걱으로 잘 섞으면서 센 중불(냄비 주변으로 불꽃이 나오지 않는 정도)에 올린다.

10 크림화되어 간다. 끓기 시작하고 30~40초 정도 그대로 섞으면서 불에 올려둔다.

11 통통하게 부푼 상태에서 부드러운 상태로 크림이 주저앉고 윤기가 나기 시작하면 불을 끈다.

12 냄비의 가장자리에 붙은 크림을 고무주걱으로 재빨리 떼내고 새로운 볼에 쏟는다.

13 표면이 마르지 않도록 랩을 딱 맞게 씌운다.

14 얼울물을 넣은 볼 위에 13을 올리고 그 위에 얼음물을 넣은 볼을 놓고 급냉한다. 보냉재를 사용해도 좋다.

15 식었으면 고무주걱으로 잘 섞어서 매끈하게 한다.
※바닐라에센스는 이때 넣는다.

16 커스터드 크림 완성.
※바닐라에센스. 오일 대신 럼주나 브랜디를 10g 정도 넣어도 맛있다.

마카롱

채소나 과일파우더를 넣어 자연의 색을 살린 마카롱입니다.

시판 잼, 땅콩버터, 초콜릿크림, 아이스크림 등 샌드크림은 취향에 따라 넣으세요.

재료 〈20개. 10세트 분량〉

달걀흰자···40g(있으면 건조난백 1/6 작은술 정도)
그래뉴당···30g
슈거파우더···50g
아몬드파우더···50g
(건조난백이 없을 경우는 55g)

Point

*건조난백이 없을 경우, 아몬드파우더 55g을 120도 오븐에서 20분 정도 건조시킨 후 식혀서 사용합니다. 잔류수분이 많으면 갈라지는 원인이 됩니다.
*슈거파우더와 아몬드파우더는 콘스타치(옥수수전분)가 들어있지 않은 것을 사용하세요.
*오른쪽에 쓰인 파우더를 사용하는 경우는 그 분량을 아몬드 파우더와 바꿔줍니다. (색의 농담은 취향에 따라 바꿀 수 있지만, 9g 이상은 교체하지 않도록 하세요.)
*자색고구마, 라즈베리, 딸기, 블루베리파우더를 사용할 경우는 머랭을 올릴 때 레몬즙을 1/5작은술 정도 넣어서 거품을 올립니다(색의 변화방지를 위해서).

《준비해 둘 것》

*틀에 오븐시트(있으면 두꺼운 것. 또는 2장)를 깔아둔다.

{교체할 파우더의 참고 분량}
4g···자색고구마. 시금치. 딸기
라즈베리. 말차. 블랙코코아
5g···흑미. 블루베리. 코코아
6g···망고
7g···단호박
8g···당근

사진　　윗단/ 코코아, 라즈베리, 흑미
(왼쪽부터)　아랫단/ 당근, 시금치, 자색고구마

How to make

1　달걀흰자와 그래뉴당으로 단단한 머랭을 만든다(P.24 **5~9** 참조).

2　슈거파우더와 아몬드파우더(파우더류를 넣으려면 여기에서)를 체에 치면서 넣고 고무주걱으로 균일하게 되도록 섞는다.

3　가루가 안 보이면 마카로나주(거품을 없앨 목적으로 반죽을 볼의 벽에 눌러펴준다)한다.

4　고무주걱으로 건졌다가 떨어뜨린 반죽이 '겨우 걸쭉하게 번질 정도'가 되면 섞는 것을 멈추고, 1cm의 원형깍지를 끼운 짤주머니에 넣어 3.5cm 크기로 짜낸다(약간 퍼져서 최종적으로는 4cm 정도가 된다).

5　그대로 건조시킨다. 반죽의 표면을 손으로 만졌을 때 단단한 막이 생기고 손에 달라붙지 않을 정도가 될 때까지. 젖은 손으로 만지지 말 것.

6　170도 오븐에서 약 4분 굽는다. 피에(쭈글쭈글한 부분)가 생기면 오븐의 뚜껑을 열고 오븐 내의 온도를 130도로 떨어뜨리고 약 13분, 표면이 단단하게 될 때까지 굽는다. 가운데는 부드러운 채로 괜찮다.

7　한김이 식을 때까지 시트 채로 둔다. 부서지기 쉬우므로 조심스럽게 벗긴다. 식었으면 원하는 크림을 샌드한다.

Step 4

여러 가지 마는 법

'돌돌 말기', '일본어 の자로 말기', '동그랗게 말기'.
만드는 반죽의 종류, 사용하는 틀의 크기에 따라 여러 가지 주의점이 있습니다.
변형해서 만들 때는 사용할 틀의 크기와 만드는 반죽을 정했으면
P.5에 나온 '3가지 크기의 틀'을 잘 읽어보세요. 이 샘플은 모두 공립법 기본 반죽의 기본 배합으로
시트를 만들고 3가지 크기의 틀에 흘려 넣어서 구운 후에 말았어요.

돌돌 말기

L *size*
how to make **P. 36**

일본어 の자로 말기

M *size*
how to make **P. 36**

동그랗게 말기

S *size*
how to make **P. 38**

돌돌 말기　　　　　일본어 の자로 말기

롤 케이크의 기본 말기인 '돌돌 말기'와 '일본어 の자로 말기'.
생크림은 스패츌러로 시트에 바르고 커스터드 크림은 짤주머니로 짜줍니다.
두께가 있는 시트는 이 방법이 어울리지 않습니다.

How to make　〔돌돌 말기. 일본어 の자로 말기 공통〕

1 시트의 말기가 끝나는 부분 (안쪽)을 비스듬히 자른다. 시트를 이 방향으로 회전시켜서 잘라도 된다.

2 같은 방법으로 자르기 쉽도록 시트를 회전시킨 후 양끝을 똑바로 자른다.

3 시트를 세로로 길게 놓고(L사이즈) 크림을 몸 앞쪽 전체에 올린다. ※커스터드 크림일 때는 '커스터드 크림을 짤 때'를 참조하여 **5**의 마는 작업으로 간다.

4 스패츌러를 사용하여 전체 면에 바른다. 끝부분 2cm 정도는 크림을 아주 얇게 바른다.

5 자와 말기 시작하는 몸 앞쪽의 종이를 함께 잡고 그대로 가볍게 위로 올린다.

6 심 부분이 두꺼워지지 않도록 시트의 단면 부분을 자로 균등하게 누른다.

7 자를 빼고 종이는 잡은 채 말기 시작한 쪽의 시트부분을 손가락으로 눌러서 정돈한다.

8 그대로 말기 시작부분을 일으켜 세우는 듯한 느낌으로 말기 시작한다.

9 종이를 잡은 손을 앞으로 내미는 듯한 느낌으로 움직이며 한번에 말아간다.

10 거의 말기가 끝나간다. 균등한 두께가 되도록 똑바로 종이를 누르듯 마는 것이 비결.

11 말기 끝. 위에서 가볍게 눌러서 안정시키고 씌워진 종이를 원래대로 되돌린다.

12 케이크의 방향이 바뀐다(다음에 조일 때 자의 각도와 말기 끝의 자른 부분이 맞게 하기 위해서).

〔커스터드 크림을 짤 때〕

13 케이크에 씌운 종이와 자를 쓰는 손으로 잡고 다른 한쪽 손으로 아래의 종이를 누르며 꽉 조인다.

14 케이크를 그대로 종이에 만다. 종이를 테이프로 고정시키고 케이크의 말기 끝이 사이드의 아래로 오도록 하고 냉장고에서 휴지시킨다.

1 빗살 모양 깍지를 끼운 짤주머니에 커스터드 크림을 넣는다. 몸 앞쪽부터 균일하게 빈틈없이 짜나간다.

2 마지막에 스페출러로 가볍게 눌러 펴둔다. 마는 작업은 P.36 **5~14** 참조.

〔과일을 넣어 말 때〕

1 첫 번째 열은 몸 앞쪽에서부터 3cm 정도의 위치, 2번째 열은 시트의 한가운데, 3번째 열은 끝에서 5cm 안쪽에 둔다.

2 첫 번째 열의 과일에 손가락을 대고 위로 올리고 들어올려진 부분으로 첫 번째 열을 감싸는 듯한 느낌.

3 그대로 말아나간다. 마지막은 **11~14**와 같고 케이크를 거꾸로 하여 자로 조이고 종이로 만다.

4 완성된 단면. 과일이 균형감있게 배치되어 있고 L사이즈의 틀이지만 겉모습은 '일본어 の 자로 말기'로.

둥글게 말기

양 사이드에서 폭신하게 한 번에 말아주는 둥글게 말기.
반죽에 두께가 있는 S사이즈 틀을 사용하여 기본 배합으로 만드는 것을 추천합니다.
모양을 유지하기 위해서는 90~100%로 올린 생크림을 쓰세요.

How to make

1 S사이즈의 틀을 사용. 위와 아래는 직선, 양끝은 사선으로 자른다.

2 크림을 중앙에 올린다. 스패출러로 좌우로 펼친다.

3 중앙에만 크림을 두툼하게 둔다. 크림의 균형은 사진과 같은 느낌.

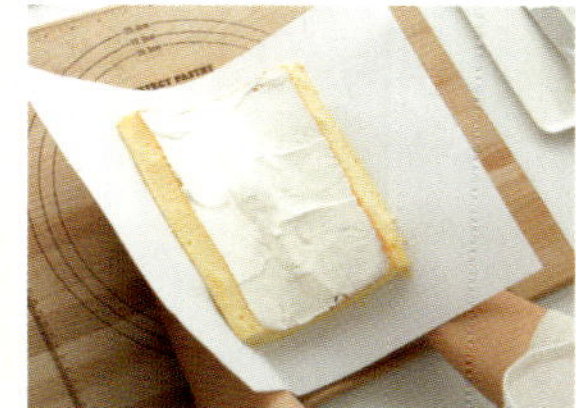

4 종이 밑에 양손을 놓고 케이크를 올리고, 자른 시트의 양끝을 천천히 맞춘다.

5 시트 양끝의 사선부분이 딱 맞도록 하여 꾹 눌러준다.

6 종이로 누른 채, 롤케이크를 가로방향으로 놓는다(조이기 쉽도록). 종이를 펴면 사진과 같은 느낌.

7 종이로 싸서 말기 끝부분을 아래로 하고 자를 사용하여 꾹 조여준다.

8 그대로 종이에 싸서 마지막을 테이프로 고정하고, 케이크의 이음새를 아래로 하여 냉장고에서 휴지시킨다.

비스듬히 짜거나
1장의 틀에서 2가지 무늬로 굽기,
표면에 무늬 넣기 등
작은 아이디어를 더해 만든 테크닉 롤 케이크.
선물하거나 손님 접대에도 좋은, 소중히 간직했던 레시피를 소개합니다.

티라미스 롤

플레인과 커피 반죽의 두 가지색 스트라이프, 크림으로 마스카르포네 치즈를 썼어요

how to make P.42

Q

자색고구마 직선 & 사선 스트라이프

달걀흰자의 화학 반응을 이용하여 자색고구마 파우더로 연한 푸른빛 물색과 자주색 시트를 만들었어요
하나의 틀로 두 개의 케이크를 완성할 수 있어요

how to make P.43

두 가지색 스트라이프

맛을 달리한 두 가지 색의 반죽으로 스트라이프 무늬를 만들었습니다.
짤주머니로 깔끔한 라인을 만듭니다.

♠ P 티라미스 롤

별립법

재료

【시트】
달걀노른자···3개
그래뉴당 A···30g
달걀흰자···3개
그래뉴당 B···40g
박력분 A···35g
박력분 B···35g
커피분말···3g
뜨거운 물···5g
슈거파우더···적당량
【크림】
생크림36%···100g
마스카르포네치즈···150g
그래뉴당···20g
마르살라 와인···10g
【데커레이션】
코코아파우더···적당량
슈거파우더···적당량

《준비해 둘 것》

*P.24 별립법 기본 반죽과 같다.
*커피분말과 뜨거운 물을 섞어, 커피액을 만들어 둔다.
*종이에 도안을 옮겨서 잘라둔다.

How to make

I P.24를 참조하여 '별립법 기본 반죽'을 만든다. **12**번에서 반죽을 두 개의 볼에 1/2씩 나눈다. 한쪽 볼에만 박력분 A를 넣고 (a) 그대로 마지막까지 반죽을 만든다.

2 1cm 원형깍지를 끼운 짤주머니에 넣고 1줄씩 짠다. 반죽이 짤주머니에 남았으면 다시 한쪽 볼에 넣어도 된다. 짤주머니 속을 깨끗하게 한다(b).

3 먼저 한쪽 볼에 준비한 커피액을 넣어 마블무늬 정도로 섞고 (c) 박력분 B를 넣고 섞어 반죽을 마무리한다.

4 **2**에서 사용한 짤주머니에 반죽을 넣고 **2**의 반죽 사이에 짠다 (d).

5 슈거파우더를 전체적으로 가볍게 뿌리고, 예열한 오븐에서 굽는다(190도 10~12분). 구운 시트 처리는 P.29의 '겉으로 말기'.

6 크림 재료를 전부 볼에 넣고, 80%까지 거품을 올린다(P.32). 구워진 면을 아래로 하여 크림을 바르고 만다. 마는 법은 P.36의 '돌돌 말기'.

7 폭 3.5cm로 잘라서 눕혀 둔다. 코코아파우더를 뿌린다. ♠모양으로 잘라둔 종이를 위에 올리고 슈거파우더를 뿌린 후, 종이를 살짝 빼내어 무늬를 남긴다.

a

b

c

d

기본 반죽을 만들어 둘로 나눈다. 한쪽
편 반죽만 끝까지 만든다.

완성된 반죽만 짤주머니에 넣고
1줄씩 짜낸다.

남은 반죽을 마무리한다.

2 사이에 짜넣는다.

Q. 자색고구마 직선 & 사선 스트라이프

별립법

재료

【시트】
달걀노른자···3개
그래뉴당 A···30g
레몬즙···10g
달걀흰자···3개
그래뉴당 B···40g
박력분 A···20g
자색고구마파우더 A···10g
박력분 B···25g
자색고구마파우더 B···10g
【크림】
생크림43%···150g
그래뉴당···15g

《준비해 둘 것》

*P.24 '별립법 기본 반죽'과 같다.
자색고구마 파우더 A는 박력분 A와 합쳐서 체에 쳐둔다.

How to make

1 P.24를 참조하여 '별립법 기본 반죽'을 만든다. **9**번 과정까지 기본
반죽과 같다.

2 완성된 머랭에서 80g을 별도의 볼에 넣고, 합쳐서 체에 쳐둔 박력
분 A와 자색고구마 파우더 A를 넣고 섞는다. 물색반죽이 완성(a).

3 1cm의 원형깍지를 끼운 짤주머니에 반죽을 넣고 틀에 1줄 간격
으로 짠다. 틀의 반쪽은 가로로, 반쪽은 사선으로 짠다.

4 짤주머니에 반죽이 남았으면 달걀노른자가 들어있는 볼에 넣고
(c) 거품기로 섞는다. 레몬즙을 넣은 다음 자색고구마 파우더 B를
넣고 거품기로 섞는다. 남은 머랭에 넣고 섞는다(d).

5 **4**에 박력분 B를 넣고 섞는다. 자주색 반죽 완성.

6 **4**에서 사용한 짤주머니를 깨끗하게 비우고 **5**의 반죽을 넣는다. 처
음으로 나오는 반죽은 색이 섞여있으므로 조금 버리고 **3**의 사이
사이에 짜넣는다(e).

7 예열한 오븐에서 굽는다(190도 10~12분). 구워진 시트 처리는
P.29의 '안으로 말기'.

8 생크림 거품을 80%까지 올리고(P.32), 구워진 면 위에 크림을 바
른다. 시트를 가로로 길게 놓고 만다(f). 마는 법은 P.36의 '돌돌 말
기'. 달걀흰자 반죽은 그다지 부풀지 않으므로 다 구워진 스트라
이프의 폭에 변화가 있다. 반으로 잘라 2줄 롤 케이크로 만든다.

a

b

c

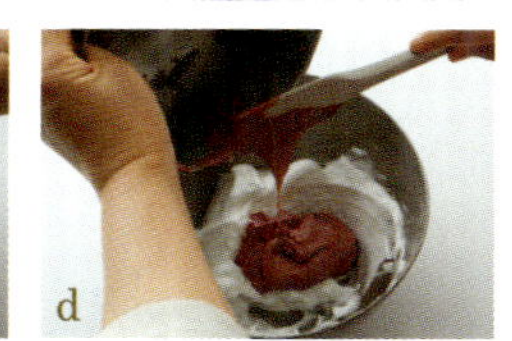

d

e

f

들쭉날쭉 라인이 재미있는 롤

기본 시트에 무늬를 그리면 경쾌한 느낌이 되지요. 들쭉날쭉한 라인을 그린 케이크입니다

how to make P.46

S

말차 시트의 낙인을 찍은 롤

간단하게 찍을 수 있는 낙인으로 일본 과자 같은 느낌의 롤 케이크를 만들었어요

how to make P.47

시트에 무늬를 넣어요

반죽에 무늬를 넣어서 굽는 방법과 다 구워진 시트에 무늬를 넣는 테크닉입니다.

 **R** 들쭉날쭉 라인이 재미있는 롤

공립법

재료

【시트】
달걀···3개
그래뉴당···70g
박력분···60g
A { 우유···30g
무염버터···10g
커피분말···3g
뜨거운 물···2g

【크림】
생크림45%···150g
그래뉴당···15g
커피리큐어···10g
커피분말···1g
뜨거운물···10g

《준비해 둘 것》

*P.22 '공립법 기본 반죽'과 같다.
*반죽, 크림용으로 각각 커피분말과 뜨거운 물을
합쳐서 커피액을 만들어둔다.

How to make

1 코르네를 만든다. 오븐페이퍼로 2:3의 직사각형을 만들어 대각선 위에서 자른다(a). 직각부분을 위로하고 바로 아래의 ★을 지점으로 잡고 짧은 변부터 만다(b). 마는 시작과 마는 끝이 같은 라인에 오도록 조절하고 끝이 뾰족하게 말아 준 후(c) 말기 끝을 안쪽으로 접어 넣는다(작은 비닐봉지에 3의 반죽을 넣고, 모서리를 사용하여 코르네 대신 써도 된다).

2 P.22를 참고하여 '공립법 기본 반죽'을 만든다. **15**번 과정까지 기본 반죽과 같다.

3 작은 볼에 **2**에서 10g을 떼어 넣고 시트용 커피액을 넣고 섞는다.

4 **2**를 틀에 흘려서 평평하게 고른다.

5 코르네에 **3**을 넣고 평평하게 고른 반죽 위에 들쭉날쭉한 라인을 그린다(d).

6 예열한 오븐에서 굽는다(190도 12~13분). 구워진 시트 처리는 P.29의 '겉으로 말기'.

7 크림의 재료를 전부 볼에 넣고 80%까지 거품을 올린다(P.32) 구워진 면을 아래로 하여 크림을 바르고 만다. 마는 법은 P.36의 '돌돌 말기'.

1 코르네를 만든다.

2 반죽을 틀에 흘려넣는다.

3 코르네로 무늬를 그린 다음 굽는다.

초코포크(원형)를 달궈서 완성된 케이크에 눌러찍는다.

S 말차시트의 낙인을 찍은 롤

공립법

재료

【시트】
달걀···3개
그래뉴당···70g
박력분···50g
말차···10g
A { 우유···30g
무염버터···10g }

【크림】
생크림45%···120g
삶은팥···90g

《준비해 둘 것》

*P.22 '공립법 기본 반죽'과 같다.
*말차는 박력분과 합쳐서 체에 쳐둔다.

How to make

I P.22를 참고하여 '공립법 기본 반죽'을 만든다. **12**번에서 합쳐서 체에 쳐둔 박력분과 말차를 넣는다. 이후의 작업은 기본 반죽과 같다.

2 예열한 오븐에서 굽는다(190도 12~13분). 구워진 시트 처리는 P.29의 '겉으로 말기'.

3 생크림을 80%까지 거품을 올려서(P.32) 삶은 팥을 넣는다. 다시 90%까지 거품을 올린다. 구워진 면을 아래로 하여 크림을 바르고 만다. 마는 법은 P.36의 '돌돌말기'.

4 초코포크(원형)를 준비한다(a). 둥근 부분과 막대의 철사가 직각이 되도록 구부리고 가스렌지에서 열을 가한다(b).

5 완성된 롤 케이크 위에 대고 누른다(c). 너무 오래 누르면 시트가 벗겨지므로 누른 후 바로 떼어낸다. 한번 찍을 때마다 불에 달궈 무늬를 새긴다(d).

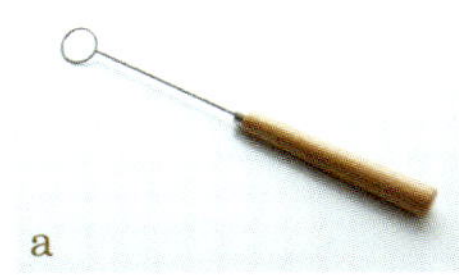

a

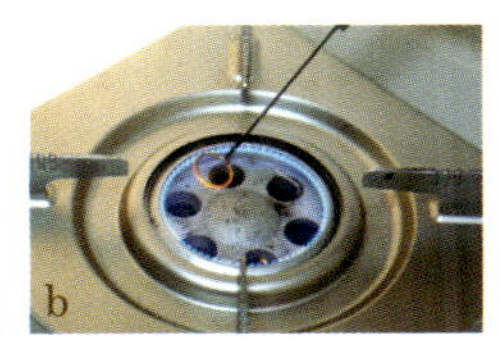

b

c

d

$$\mathcal{T}$$

블랑망즈 스쿱 롤

폭신폭신한 시트와 탱탱하고 부드러운 블랑망즈. 취향에 따라 베리류를 장식합니다

how to make P.50

캐러멜무스 스쿱 롤

캐러멜리제한 너트의 바삭한 식감에 매끄러운 무스와 폭신한 시트의 조합입니다

how to make P.51

스쿱 롤 케이크를 만들어요

구워진 시트를 무스틀로 고정하고 바바로아나 무스를 흘려넣어 '떠먹는' 스쿱 롤 케이크입니다.

블랑망즈 스쿱 롤

공립법

재료

【시트】
달걀---3개
그래뉴당---70g
박력분---50g
딸기파우더---10g
A { 우유---30g
    무염버터---10g

【블랑망즈】
우유---350g
살구씨파우더---12g
그래뉴당---60g
판젤라틴---10g
생크림36%---150g
아마레토 리큐어---10g

【데커레이션】
딸기 블루베리 등---적당량

《준비해 둘 것》

*P.22 '공립법 기본 반죽'과 같다.
딸기파우더는 박력분과 합쳐서 체에 쳐둔다.
*블랑망즈에 쓸 판젤라틴을 불린다.
(가루젤라틴의 경우에는 30g의 물에 뿌려 불린다.)

How to make

1 가로 10cm×세로 28cm 정도의 알루미늄호일을 준비하고 세번 접어 높이 3cm의 끈모양을 만든다(a). 이것을 7개 준비한다. 무스틀을 사용할 때는 지름 9cm.

2 P.22를 참조하여 '공립법 기본 반죽'을 만든다. **12**에서 합쳐서 체에 쳐둔 박력분과 딸기파우더를 넣는다. 이후의 작업은 기본 반죽과 같다. 예열한 오븐에서 구운 후(190도 12~13분) 구워진 시트의 처리는 P.29의 '안으로 말기'.

3 시트의 양끝을 자르고 3×26cm로 7개분을 자른다. 구워진 면을 안쪽으로 하여 알루미늄호일의 이음새가 시트의 접착면과 반대가 되도록 만다(b). 아래에는 오븐페이퍼를 잘라서 깐다. 빈틈없이 말았으면 스테이플러로 호일을 고정한다. 무스틀을 사용할 때는 시트만 세팅하면 된다.

4 블랑망즈를 만든다. 볼에 그래뉴당의 반과 살구씨 파우더를 넣고 섞어둔다(c).

5 냄비에 우유와 남은 그래뉴당을 넣고 불에 올린다. 펄펄 끓기 직전까지 데워졌으면 **4**에 부어서 거품기로 섞어 냄비에 넣는다. 냄비바닥을 고무주걱으로 섞으면서 다시 한번 불에 올린다. 그래뉴당이 녹았으면 불을 끄고 젤라틴을 넣고 푼다(d).

6 **5**를 체에 걸러서 별도의 볼에 넣는다.

7 얼음물에 대고 생크림거품을 90%까지 올린다(P.32).

8 **7**의 얼음물을 사용하여 **6**을 섞으면서 20도까지 식히고(e) **7**을 합친다(20도 이상이면 합친 생크림이 풀어지므로 주의).

9 다시 얼음물에 대고 전체를 섞으면서 14도 정도까지 식힌다(f). 이 이상의 온도일 때 흘려넣으면 시트의 빈틈으로 새나가 버린다.

10 시트를 깐 무스틀에 흘려넣는다(7등분). 냉장고에서 식혀 굳힌 후, 무스틀을 빼낸다. 위에 과일을 장식한다.

1

무스틀을 준비하거나, 알루미늄 호일로 테두리를 만든다.

2

다 구워진 시트를 정한 크기로 자른다.

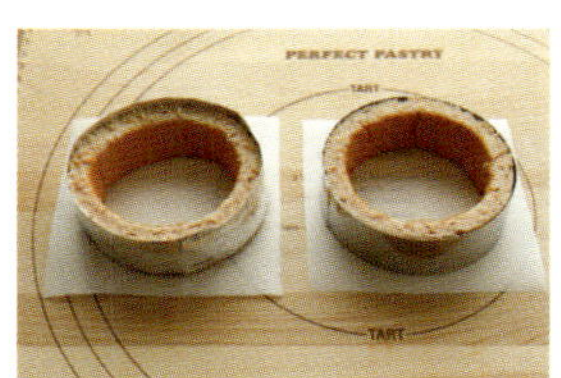

3

오븐페이퍼 위에 틀을 놓고 시트를 세팅한다.

4

액체 상태의 과자를 만들어 흘려 넣는다. 식혀서 굳히고 무스틀을 빼낸다.

U

캐러멜무스 스쿱 롤

재료

【캐러멜】
그래뉴당···80g
뜨거운물···60g

【시트】
달걀···3개
그래뉴당···70g
박력분···60g
A { 캐러멜···30g
    무염버터···10g }

【캐러멜무스】
우유···300g
달걀노른자···2개
그래뉴당···40g
캐러멜···50g
판젤라틴···10g
생크림36%···150g

【견과류 캐러멜리제】
아몬드···30g
헤이즐넛···20g
호두···20g
피스타치오···5g
그래뉴당···40g
물···20g
무염버터···5g

《준비해 둘 것》

*P.22 '공립법 기본 반죽'과 같다.
*무스에 쓸 판젤라틴을 불린다.
(가루젤라틴의 경우에는 30g의 물에 뿌려 불린다.)

How to make

I 캐러멜을 만든다. 냄비에 그래뉴당을 넣고 불에 올려 녹이고 색이 나오면 뜨거운 물을 넣고 섞는다(a). 여기에서 시트용으로 30g을 뺀 후 버터와 섞어서 캐러멜버터를 만들고 중탕해둔다. 남은 50g은 무스용.

2 P.22를 참조하여 공립법 기본 반죽을 만든다. I의 작업은 위에서 끝났으므로 생략한다. **14**번에서 캐러멜버터를 넣고 섞는다. 이후의 작업은 기본 반죽과 같다.

3 예열한 오븐에서 굽는다(190도 12~13분). 구워진 시트의 처리는 P.29의 '안으로 말기'.

4 P.50 **3**번 과정 같다, 반죽을 3cmX26cm로 7개분 잘라서 틀에 세팅한다.

5 캐러멜무스를 만든다. 볼에 달걀노른자와 그래뉴당 반을 넣어 섞고 I의 캐러멜 50g를 섞는다. 냄비에 우유와 남은 그래뉴당을 넣어 불에 올린다.

6 우유가 데워졌으면 볼에 부어서 거품기로 섞고(b), 냄비에 붓는다.

7 냄비 바닥을 섞어주면서 바닥에 막이 생길 때까지(85도 정도) 약불에 올려둔다(c). 불을 끄고 젤라틴을 넣어서 푼다.

8 여기부터는 P.50 **6~10**번 과정 참조.

9 견과류 캐러멜리제를 만든다. 냄비에 물과 그래뉴당을 넣고 불에 올린다. 나무주걱으로 떠서 숟가락을 대었을 때 걸쭉한 정도(d)면 불을 끄고 피스타치오 이외의 견과류를 넣는다.

I0 하나하나 보슬보슬하게 되면(e), 캐러멜색이 될 때까지 다시 불에 올린다.

II 불을 끄고 나서 피스타치오와 버터를 넣어 섞고(f) 오븐페이퍼 위에 하나씩 따로따로 펼쳐 놓는다. 식었으면 **8**위에 장식한다.

초콜릿 코팅을 한 흑미 미니롤

초콜릿 코팅을 해서 자허토르테풍으로 만들었습니다. 흑미파우더를 사용한 쫄깃쫄깃한 반죽입니다.

how to make P.54

타르트풍 미니 롤 케이크

작고 귀여운 데커레이션 케이크. 좋아하는 과일로 장식해서 마무리합니다.

how to make P.55

미니 롤 케이크를 만들어요

S사이즈 틀을 사용해서 기본 반죽 양의 2/3로 배합해서 만듭니다.
롤 케이크를 자르고 그 위에 다양하게 데커레이션했어요.

초콜릿 코팅을 한 흑미미니롤

공립법

재료

【시트】
달걀---2개
그래뉴당---50g
박력분---30g
흑미파우더---20g
A ⎰ 우유---20g
　⎱ 무염버터---5g
【크림】
생크림45%---100g
그래뉴당---10g
【데커레이션】
코팅초콜릿(화이트, 스위트)---각 100g정도

《준비해 둘 것》

＊S사이즈(22×22cm) 틀(P.5)을 만들어 종이를 깔아둔다.
＊흑미파우더는 박력분과 합쳐서 체에 쳐둔다.
＊오븐은 200도로 예열해둔다.

How to make

1 P.22를 참고하여 '공립법 기본 반죽'을 만든다. **12**번에서 박력분과 흑미파우더를 넣는다. 이후의 작업은 기본 반죽과 같다.

2 예열한 오븐에서 굽는다(190도 12~13분). 구워진 시트의 처리는 P.29의 '안으로 말기'.

3 생크림 거품을 80%까지 올린다(P.32). 구워진 면의 위에 크림을 바르고 만다. 마는 법은 P.36의 '돌돌말기'. 시트가 얇기 때문에 지름도 작다(a).

4 폭 3cm로 잘라 식힘망 위에 눕혀 놓는다(b).

5 코팅초콜릿을 50도 정도의 중탕으로 녹인다. **4**의 케이크에 위에서 뿌린다(c). 초콜릿이 굳을 때까지 놓아둔다.

6 식힘망과 케이크의 경계에 붙은 초콜릿은 칼로 깔끔하게 잘라내고 칼로 살짝 들어 올려 망에서 떼어낸다(d). 나파주(분량 외)로 데커레이션해도 좋다.

a

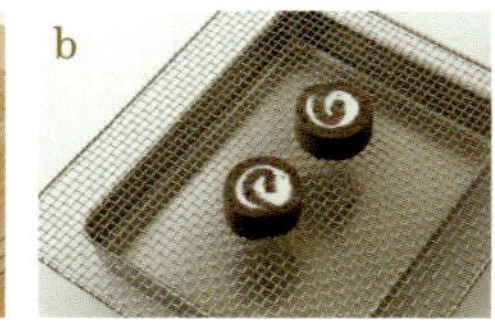
b

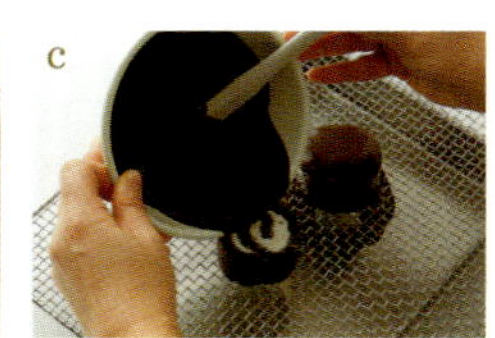
c

d

〔코팅한다〕

1 적은 배합으로 만들어서
얇게 굽는다.

2 말아서 자른다.

3 코팅초콜릿을 뿌린다.

〔위에 데커레이션을 한다〕

자른 롤 케이크를 눕히고 크림을 짠다.
과일로 위를 장식한다.

타르트풍 미니 롤 케이크

공립법

재료

【시트】
달걀···2개
그래뉴당···50g
박력분···40g
A { 우유···20g
무염버터···5g }

【크림】
우유···200g
그래뉴당···40g
달걀노른자···2개
박력분···18g
클로티드크림···100g

【데커레이션】
딸기, 키위, 살구···적당량

《준비해 둘 것》

* S사이즈(22×22cm) 틀(P.5)을 만들어 종이를 깔아둔다.
* 오븐은 200도로 예열해둔다.

How to make

I P.22를 참고하여 '공립법 기본 반죽'을 만든다.

2 예열한 오븐에서 굽는다(190도 12~13분). 구워진 시트
의 처리는 P.29의 '안으로 말기'.

3 커스터드 크림을 만든다(P.32). 식은 커스터드 크림과 클
로티드 크림(a)을 합쳐서 거품기로 섞는다.

4 **3**의 1/2을 빗살 모양 깍지를 끼운 짤주머니에 넣어 구워
진 면의 위에 짠다. 마는 법은 P.36의 '돌돌말기'.

5 폭 4cm로 자르고 케이크를 눕혀둔다(b).

6 짤주머니의 모양깍지를 별모양으로 바꿔서 **4**의 남은 크
림을 넣어 케이크 위에 짠다(c).

7 좋아하는 과일을 크림 위에 세우듯이 놓아 장식한다(d).

a

b

c

d

호박 & 당근 2단롤

채소파우더를 넣은 반죽을 사용했어요. 다른 파우더를 넣어 여러 가지 배색을 해도 재미있어요.

how to make P.58

코코아 & 블랙코코아 둥근 롤

복슬복슬 귀여운 시트를 둥글게 말기로 말았어요. 하나의 시트에 '겉으로 말기'와 '안으로 말기'의 다른 표정을 2줄 만들었어요.

how to make P.59

반죽을 2단으로 쌓아서 구워요

2단으로 예쁘게 굽는 비결과 올록볼록한 요철의 복슬복슬함을 살리는 두 가지 테크닉입니다.

 X  호박 & 당근 2단롤

별립법

재료

【시트】
달걀노른자---4개
그래뉴당 A---45g
달걀흰자---4개
그래뉴당 B---45g
박력분 A---25g
당근파우더---15g
우유 A---20g
박력분 B---25g
단호박파우더---15g
우유 B---20g

【커스터드 크림】
우유---200g
그래뉴당---40g
달걀노른자---2개
박력분---18g

【생크림】
생크림45%---100g
그래뉴당---8g

《준비해 둘 것》

＊P.24 '별립법 기본 반죽'과 같다.
당근파우더는 박력분 A, 단호박파우더(a)는
박력분 B와 합쳐서 체에 쳐둔다.

How to make

I P.24를 참고하여 '별립법 기본 반죽'을 만든다. 12번까지는 기본 반죽과 같다.

2 I의 반죽에서 떼어 별도의 볼에 넣는다(b). 합쳐서 체에 쳐둔 박력분 A와 당근파우더를 넣고 섞는다. 짜지 않고 틀에 흘려넣어서 굽기 때문에 우유 A를 넣어 섞은 후, 틀에 흘려넣고 평평하게 고른다.

3 남은 반죽에 합쳐서 체에 쳐둔 박력분 B와 단호박파우더를 넣어 섞는다. 우유 B를 넣어 섞은 후 1cm의 원형깍지를 끼운 짤주머니에 반죽을 넣는다.
※짠 다음에 평평하게 하므로 짜는 반죽과는 별개(우유가 들어간다)로 생각합니다.

4 2의 위에 3을 짠다. 전체 면에 짤 수 있는 양은 아니므로 약간 간격을 두는 느낌으로 짠다(d).

5 짠 반죽을 스크레이퍼로 평평하게 고른다. 상단 반죽을 흘려 넣으면 하단의 반죽이 움직여서 층이 깔끔하게 구워지지 않는다.

6 예열한 오븐에서 굽는다(190도 13~14분). 구워진 시트의 처리는 P.29의 '안으로 말기'.

7 커스터드 크림을 만든다(P.32).

8 생크림 거품을 100%로 올린다(P.32).

9 7이 식으면 부드럽게 하여 8과 합쳐서 빗살모양 깍지를 끼운 짤주머니에 넣고 구워진 면 위에 크림을 짠다. 마는 법은 P.36의 '돌돌 말기'.

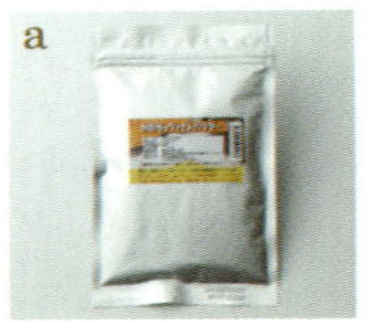  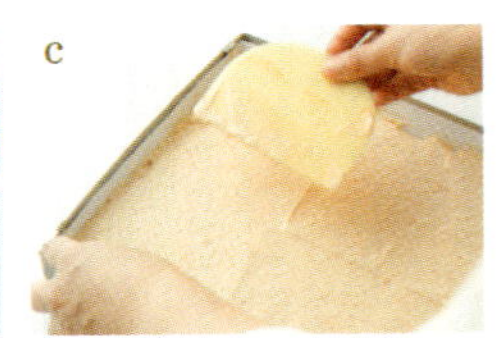 

〔2단 모두 평평하게 굽는다〕

1 평평하게 고른 반죽 위에 다른 반죽을 짠다.

2 아래 반죽이 움직이지 않도록 살며시 스크레이퍼로 평평하게 고른다.

〔2번째 단은 올록볼록하게 굽는다〕

1 반죽을 도중에 반으로 나눈 뒤 한쪽을 마무리하여 틀에 흘려넣는다.

2 남은 반죽을 마무리하여 1줄 간격으로 짠다.

 # 코코아 & 블랙코코아 둥근 롤

별립법

재료

【시트】
달걀노른자···4개
그래뉴당 A···40g
달걀흰자···4개
그래뉴당 B···50g
박력분 A···30g
블랙코코아···10g
우유···20g
박력분 B···35g
코코아···5g
슈거파우더···적당량

【크림】
생크림43%···200g
그래뉴당···20g
브랜디···10g

《준비해 둘 것》

*P.24 별립법 기본 반죽과 같다.
블랙코코아는 박력분 A, 코코아는 박력분 B와 합쳐서
체에 쳐둔다.

How to make

1 P.24를 참조하여 '별립법 기본 반죽'을 만든다. **12**번까지는 기본 반죽과 같다.

2 **1**의 반죽에서 150g을 떼어 다른 볼에 넣는다. 합쳐서 체에 쳐둔 박력분 A와 블랙코코아를 넣고 섞는다. 짜지 않고 틀에 흘려넣어서 굽기 때문에 우유를 넣어서 섞고(a), 틀에 흘려넣어 평평하게 고른다.

3 남은 반죽에 합쳐서 체에 쳐둔 박력분 B와 코코아를 넣고 섞는다(b). 1cm의 둥근 깍지를 끼운 짤주머니에 반죽을 넣는다.

4 **2**의 위에 **3**을 1줄 간격으로 짠다. 슈거파우더를 가볍게 2번 뿌린다(c).

5 예열한 오븐에서 굽는다(190도 12~13분). 구워진 시트의 처리는 P.29의 '겉으로 말기'.

6 구워서 식힌 시트를 가로로 길게 놓고 세로로 반을 자른다. 하나는 겉으로 말기, 다른 하나는 안으로 말기한다. '둥글게 말기'로 만들 것이므로 말았을 때 갈색 볼록한 부분이 겹치지 않도록 양끝을 사선으로 잘라 둔다(d).

7 크림 재료를 전부 볼에 넣고 90%까지 거품을 올린다(P.32).

8 하나는 구워진 면을 위, 다른 하나는 구워진 면을 아래로 하여 크림을 바르고 만다. 마는 법은 P.38의 '둥글게 말기'.

a

b

c

d

Z

롤 타워

스트라이프 & 도트 & 무지 미니 롤을 쌓아 올렸어요. 파티를 더욱 화려하게 만들어줄 롤 타워입니다.

Technique 6

무늬 미니롤을 쌓아 올렸어요

2장의 시트로 5가지 무늬를 만드는 테크닉.
2번으로 나눠서 굽기 때문에 틀은 하나로 충분합니다.

1 2번 반죽을 만들고, 2장 굽는다.

2 4줄의 롤 케익을 각각 4등분으로 자른다.

재료

【시트】

《핑크 반죽》
달걀노른자···3개
그래뉴당 A···30g
달걀흰자···3개
그래뉴당 B···40g
박력분 A···15g
박력분 B···35g
라즈베리파우더···10g
레몬즙···10g
우유···10g

《블랙 반죽》
달걀노른자···3개
그래뉴당 A···30g
달걀흰자···3개
그래뉴당 B···40g
박력분 A···15g
박력분 B···35g
블랙코코아···10g
우유···20g

【크림】 ※상기 2 장의 시트 분량
생크림45%···200g
그래뉴당···20g

《준비해 둘 것》

*P.22 '별립법 기본 반죽'과 같다.
〈핑크 반죽〉라즈베리파우더는 박력분 B와 합쳐서 체에 쳐둔다.
〈블랙 반죽〉블랙코코아는 박력분 B와 합쳐서 체에 쳐둔다.
*틀에 깔 종이의 안쪽에 1/2, 1/4의 선을 그어둔다(a).

How to make

1 P.24를 참조하여 '별립법 기본 반죽'을 만든다. 12번까지는 기본 반죽과 같다.

2 1의 반죽에서 50g을 떼어서 별도의 볼에 넣는다. 박력분 A를 넣고 섞는다. 가루가 보이지 않으면 하얀 반죽 완성.

3 하얀 반죽을 5~6mm의 원형깍지를 끼운 짤주머니에 넣고 '핑크 반죽'은 1/4은 도트, 1/4은 사선스트라이프로 짠다(b). '블랙 반죽'은 틀의 반에 1줄 간격의 가로 스트라이프로 짠다.

4 3의 짤주머니에 남은 반죽을 1의 볼에 다시 넣고 레몬즙을 넣어 섞고('블랙 반죽'에는 레몬즙을 넣지 않는다) 합쳐서 체에 쳐둔 라즈베리파우더와 박력분 B, '블랙 반죽'은 블랙코코아와 박력분 B를 넣고 고무주걱으로 섞어 색반죽을 만든다. 1/2를 짤주머니에 넣고 3의 사이를 채운다(c).

5 주머니에 남은 반죽을 다시 볼에 넣은 후, 우유를 넣어 섞고 틀의 1/2에 흘려넣는다. 스크레이퍼로 살며시 전체를 평평하게 고른다(d, e).

6 예열한 오븐에서 굽는다(190도 10~12분). 구워진 시트의 처리는 P.29의 '겉으로 말기'.

7 반죽을 가로로 길게 놓고 세로로 반을 자른다.

8 생크림 거품을 80%까지 올린다(P.32).

9 '블랙 반죽'의 무지만 구워진 면을 아래로 해서 크림을 바르고 만다(f). 마는 법은 P.36의 '일본어 の자로 말기'.

10 냉장고에서 휴지시킨 다음 폭 4.5cm 로 잘라서 취향대로 쌓아준다.

기본 재료

달걀 A

중간 크기를 사용합니다. 달걀은 신선한 것으로 선택해주세요. 달걀흰자가 남았을 때는 P.30, P.34 의 작품을 만들 때 사용할 수 있습니다.

그래뉴당 B

이 책에서는 감미료로 주로 그래뉴당을 사용했습니다. 산뜻하며 특유의 독특한 향이나 맛이 없어 과자 만들기에 빼놓을 수 없는 설탕입니다.

슈거파우더 C

그래뉴당을 미세한 분말로 만든 것으로 별립법에서 반죽을 짜서 구울 때 사용합니다. 반죽 위에 뿌려서 굽습니다.

버터 D

무염버터를 사용합니다. 향이 좋은 무염버터의 발효버터를 추천합니다. 소량을 사용하므로 가염버터로 대용해도 괜찮습니다.

박력분 E

과자 만들기에 가장 자주 쓰이는 밀가루가 박력분입니다. 입자가 세세하고 응어리지기 쉬우므로 사용하기 전에 체에 잘 쳐줍니다.

우유 F

시판하는 신선한 것으로 고르세요. 데울 때는 60도를 넘기면 막이 퍼지기 쉬우므로 주의하세요.

생크림 G

나카자와유업의 생크림을 사용했습니다. 36%, 43%, 45%로 유지방에 따라 풍미나 매끄러움이 다릅니다. 레시피의 %표시에 가까운 것으로 선택하세요.

바닐라빈 H

커스터드 크림을 만들 때 빼놓을 수 없는 바닐라빈. 없으면 바닐라 오일. 에센스. 취향에 맞는 양주로도 대용 가능합니다.

채소파우더 I

박력분과 합쳐서 사용하거나 달걀노른자에 섞어서 사용합니다.

과일파우더 J

제과재료점에서 살 수 있는 망고파우더, 블루베리파우더, 딸기파우더, 라즈베리파우더를 사용했습니다.

코코아 K

사진 왼쪽부터 일반 코코아, 블랙코코아, 녹지 않은 코코아의 순서. 녹지 않은 코코아는 데커레이션에 사용합니다.

제과용 초콜릿 L

왼쪽은 타블렛 상태의 커버추어초콜릿. 오른쪽은 코팅용으로 사용하는 파타글라세입니다

작은 냄비 A

커스터드 크림을 만들거나 무스를 만들 때에 필요한 작은 냄비. 이 책에서는 지름 18cm 정도의 테플론소재의 냄비를 사용했습니다.

만능체 · 분당체 B

박력분을 체에 칠 때, 냄비에 걸러 넣을 때 사용합니다. 녹차가루나 슈거파우더 등 아주 소량의 것을 체에 칠 때 사용합니다.

볼 C

얼음물에 대거나 중탕하는 작업 등을 고려하여 21cm, 24cm 각 2개와 15cm 정도의 작은 볼이 있으면 편리합니다.

핸드믹서 D

달걀이나 생크림을 거품 낼 때 씁니다. 15분 이상 연속으로 사용할 수 있는 타입이 모터도 강하므로 추천합니다.

전자저울 · 온도계 · 타이머 E

정확하게 계량할 수 있는 전자저울이 있으면 편리합니다. 온도계, 타이머는 불에 너무 오래 올려놓는 것을 막기 위해 사용합니다.

거품기 F

섞거나 거품내는 작업에서 빼놓을 수 없는 도구. 과자만들기용으로 단단하고 견고한 것으로 준비하세요.

스크레이퍼 G

플라스틱 스크레이퍼를 사용합니다. 카드라고도 불립니다. 직선부분을 사용하여 틀에 흘려 넣은 반죽을 평평하게 펼칩니다.

고무주걱 · 나무주걱 H

고무주걱은 손잡이까지 일체형인 내열소재로 준비하는 것이 좋습니다. 나무주걱을 사용한 후에는 잘 씻어서 말려줍니다.

스패출러 I

시트에 생크림을 바를 때 사용합니다. 롤 케이크 시트에 바르기 편한 칼자루쪽이 굽은 L자형 스패출러가 편리합니다.

짤주머니 · 모양깍지 J

반죽이나 커스터드 크림을 짤 때 사용합니다. 반죽은 원형깍지 5~6mm, 1~1.2cm, 크림에는 빗살깍지(단면줄)를 사용합니다.

종이 · 자 K

틀은 두께 1mm의 마분지, 까는 종이는 복사용지를 사용. 자와 종이는 틀 만들 때 외에 롤 케이크를 말 때도 사용합니다.

작업판 L

구워진 시트는 작업판 위에 꺼내놓습니다. 식힘망이나 케이크쿨러를 사용할 때는 달라붙지 않도록 종이를 깔아주세요.

profile

지은이 다카하시 쿄우코

시바카와 과자교실 사범과를 졸업하고 대학 조리연구실에서 오랫동안 일했다. 잡지와 단행본 스태프로 상품기획이나 개발에 참여하고 있으며 레시피도 제공하고 있다. 과자와 요리교실 강사로 활동했으며 과자 교실 뿐만 아니라 천연효모로 만드는 빵 교실도 유명하다. 저서로는 《롤케이크 AtoZ》, 《치즈케이크》, 《해피우피파이》, 《슈크림》 등이 있으며 현재 제과제빵 스튜디오 젬마(Studio gemma)를 운영하고 있다.

옮긴이 김수정

서울여대에서 일어일문학을, 일본 도신일본어학교에서 일본어를 공부했다. 에릭양 에이전시에서 저작권 업무를 담당했으며, 옮긴 책으로는 《처음 만드는 가죽 팔찌》, 《베이킹 소다 활용법》, 《손뜨개 헤어 액세서리 63》, 《사랑스러운 레이스 칼라》, 《초콜릿 레시피 36》, 《홈메이드 도넛》, 《팬케이크 레시피》 등이 있다.

ROLL CAKE NO A TO Z 1day sweets
©NORIKO TAKAHASHI 2011
Originally published in Japan in 2011 by E&G CREATES.   TOKYO,
Korean translation rights arranged with E&G CREATES.   TOKYO,
through TOHAN CORPORATION, TOKYO, and Botong Agency, SEOUL.
이 책의 한국어판 저작권은 보통에이전시를 통한 저작권자와의 독점 계약으로 즐거운상상이 소유합니다.
신 저작권법에 의하여 한국 내에서 보호를 받는 저작물이므로 무단전재와 무단복제를 금합니다.

ONE-DAY SWEETS
인기 베이커리 부럽지 않은
홈메이드 롤 케이크

1판 1쇄 인쇄 2015년 12월 15일
1판 1쇄 발행 2015년 12월 20일

지은이 ｜ 다카하시 쿄우코
옮긴이 ｜ 김수정
펴낸이 ｜ 정원정, 김자영
편집 ｜ 홍현숙
디자인 ｜ niceage

펴낸곳 ｜ 즐거운상상
주소 ｜ 서울시 종로구 누하동 158-3
전화 ｜ 02-706-9452
팩스 ｜ 02-706-9458
전자우편 ｜ happywitches@naver.com
출판등록 ｜ 2001년 5월 7일
인쇄 ｜ 내일북

ISBN 979-11-5536-041-5
ISBN 979-11-5536-020-0 (세트)

덤 레시피

별립법의 짜는 반죽은 사용하는 틀에 따라
반죽이 남습니다. 오븐에서 구워서 핑거비스켓을
만들어보세요.
크림이나 잼을 사이에 끼워 먹거나 아이스크림이나
푸딩에 곁들여도 맛있어요.

핑거 비스킷
Finger biscuit

재료

별립법의 짜는 반죽(남은 것)---적당량

How to make

1 오븐페이퍼를 깐 오븐판에 반죽을 짠다.
길이는 7cm 정도.

2 슈거파우더를 2번 뿌린다.

3 180도 오븐에서 약 10분 굽는다.

※밀폐용기에 넣어 상온에서 1주일간 맛있게 먹을 수 있습니다. 더운 계절에는 냉장고에 보관하세요.